生物技术科普绘本
干细胞生物学卷

生殖与发育生物学专家**季维智**院士
写给小朋友的干细胞生物学绘本

千变万化的干细胞

新叶的神奇之旅 I

中国生物技术发展中心　**编著**

科学顾问　季维智

科学普及出版社

·北 京·

图书在版编目（CIP）数据

千变万化的干细胞：新叶的神奇之旅：全 5 册 / 中国生物技术
发展中心编著 . -- 北京：科学普及出版社，2022.10
ISBN 978-7-110-10503-0

I.①千… Ⅱ.①中… Ⅲ.①干细胞—少儿读物
Ⅳ.① Q24-49

中国版本图书馆 CIP 数据核字（2022）第 182155 号

策划编辑	符晓静　王晓平
责任编辑	王晓平　白　珺
封面设计	沈　琳
封套设计	沈　琳
正文设计	中文天地　中科星河
责任校对	吕传新
责任印制	徐　飞

出　　版	科学普及出版社
发　　行	中国科学技术出版社有限公司发行部
地　　址	北京市海淀区中关村南大街 16 号
邮　　编	100081
发行电话	010-62173865
传　　真	010-62173081
网　　址	http://www.cspbooks.com.cn

开　　本	787mm×1092mm　1/16
字　　数	200 千字
印　　张	18
插　　页	1
版　　次	2022 年 10 月第 1 版
印　　次	2022 年 10 月第 1 次印刷
印　　刷	北京博海升彩色印刷有限公司
书　　号	ISBN 978-7-110-10503-0 / Q·279
定　　价	148.00 元

生命诞生

胎盘

○ 具备全能性
◐ 多能干细胞
○ 具备多能性
○ 单能干细胞
- - - ● 体外诱导分化

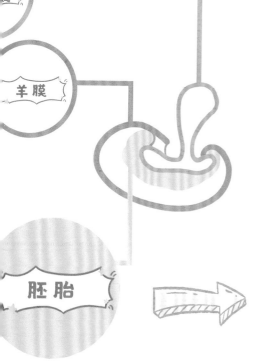

囊

羊膜

胚胎

人体王国

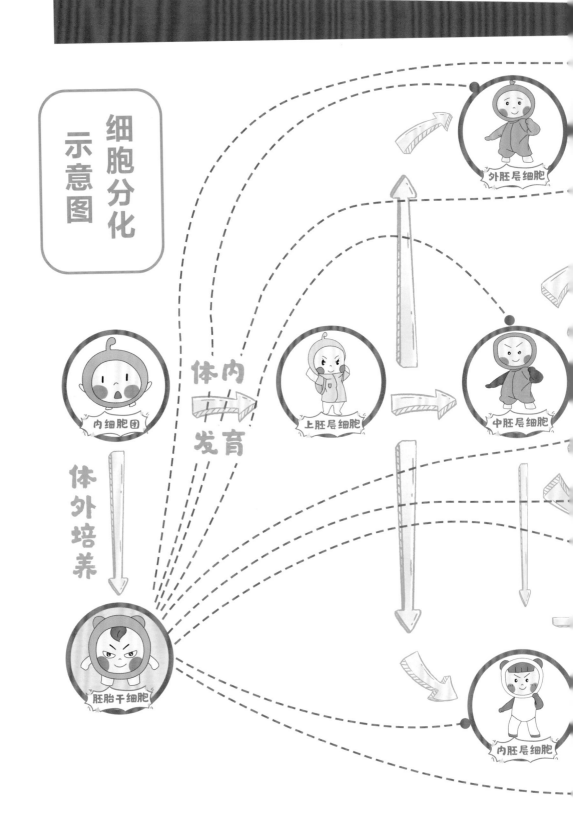

细胞分化示意图

内细胞团

体外培养
胚胎干细胞

体内发育

上胚层细胞

外胚层细胞

中胚层细胞

内胚层细胞

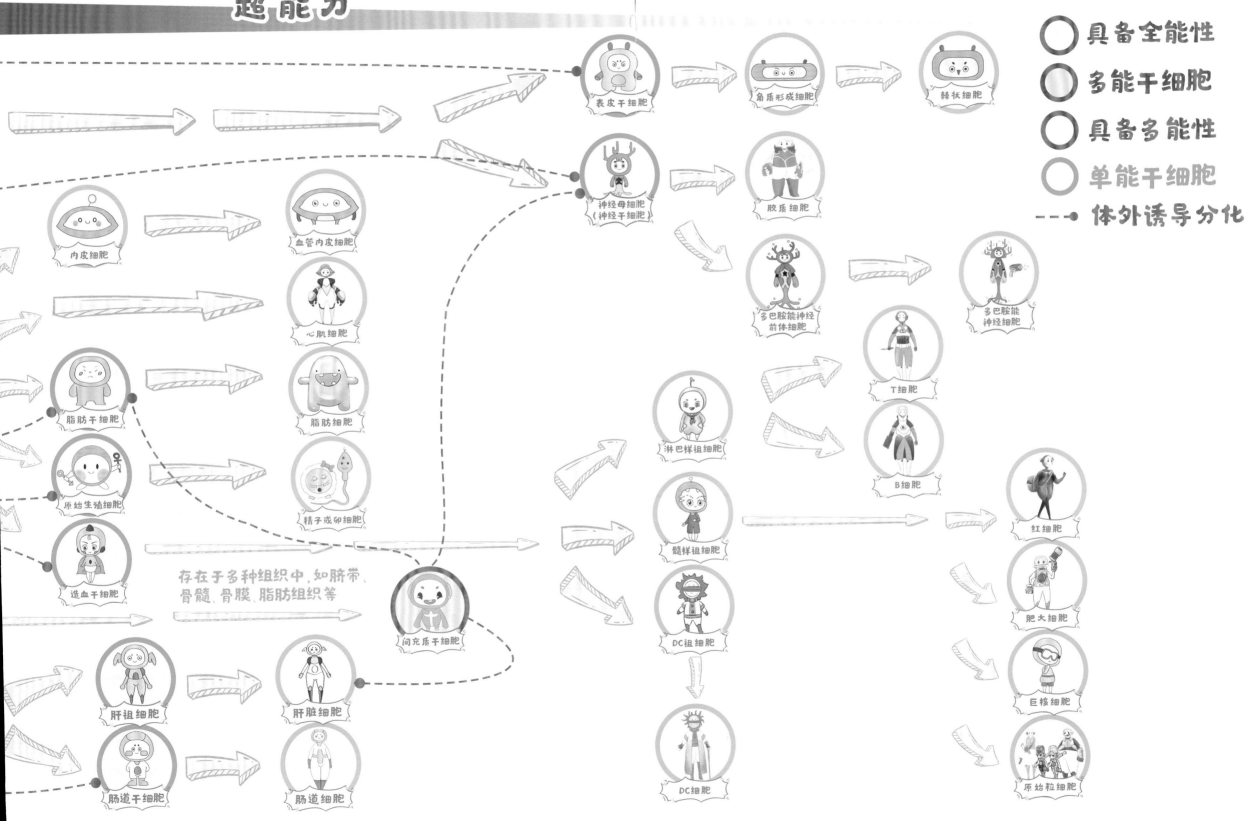

超能力

生命种子形成

孕育

胚胎发育示意图

精子

卵细胞

结合

受精卵

分裂

囊胚

体外培养

内细胞团

上胚层细胞

胚胎干细胞

滋养层细胞

下胚层细胞

卵黄

羊膜细胞

外胚层细胞

中胚层细胞

内胚层细胞

编写团队

主编单位　　中国生物技术发展中心

参编单位　　中国细胞生物学学会干细胞生物学分会

科学顾问　　季维智

主　　编　　张新民

副 主 编　　沈建忠　范　玲　郑玉果

执行主编　　于振行　李天达

编写人员（按照姓氏笔画排序）

于振行	王　柳	王昱凯	王黎琦	牛昱宇	方子寒
刘　霞	刘光慧	李天达	李天晴	李仲文	李宇飞
杨　阳	杨　喆	吴函蓉	汪阳明	沈建忠	张大璐
张小奕	张新民	陆　静	陈　琪	范　玲	周家喜
郑玉果	赵添羽	郝　捷	胡鹏翀	敖　翼	顾　奇
郭　伟	海　棠	黄　鑫	曹　芹	董　华	韩烨青
谭　昳	魏　巍				

引言

　　6月14日是"世界献血者日"。这一天，季爷爷和新叶看到街边停着一辆爱心献血车，有很多志愿者主动上车献血。季爷爷告诉新叶无偿献血是一件看似平凡，却十分伟大的事情，因为献血可以挽救很多人的生命。

　　志愿者在献血之后，藏在人体中的干细胞"超人"会施展"超能力"，在很短的时间内，为献血者补充缺失的血液，保障人体正常的血液供应。小读者不禁会问，干细胞"超人"是谁？它从哪里来，都有什么"超能力"，又是如何施展"超能力"的呢？快跟随季爷爷和新叶一起到人体王国去寻找答案吧！

人物介绍

季爷爷

季爷爷叫季维智，是一位著名的发育生物学家。他和他的团队在发育生物学和细胞生物学领域潜心研究数十年，在干细胞的培养及运用和胚胎发育的研究领域作出了重要贡献。他对好奇的小朋友们，非常和蔼可亲、极具耐心。作为科学热线的常驻嘉宾，季爷爷经常为儿童科学家新叶解答疑惑，并带他探索生命的奥秘。

新 叶

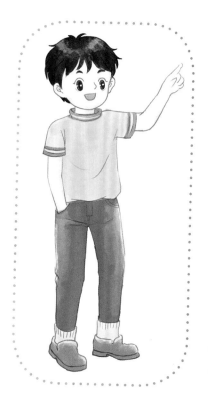

新叶是一名勤学好问的儿童科学家。他对生命科学和生物技术充满了好奇，经常跟随各领域顶尖科学家踏上探索科学世界的神奇旅行。曾经，他跟着元英进教授一同寻找合成生物学的魔幻手环；和王福生院士为了保卫人体王国并肩作战；跟杨晓明教授一同探秘人用疫苗的研发过程；乘坐时光机器，在张伯礼院士和屠呦呦教授的带领下，穿越时空走进奇妙的中医世界。在学习知识的同时，他结识了很多新朋友，也掌握了一些特异功能。这次，他将要跟随季爷爷一起探索千变万化的细胞——干细胞。

超人小妹

学　名: 造血干细胞

功　能: 既可以自我更新维持干细胞的数量，又可以分化成各种血细胞，是所有血细胞的来源。

变身舱

进入变身舱的干细胞可以分化成其他功能细胞。

分身舱

进入分身舱的干细胞可以自我更新，复制成两个一模一样的干细胞。

小喵

学　名: 红细胞

装　备: 装有氧气（红色球）或者二氧化碳（紫色球）的背包

功　能: 负责运送氧气和部分二氧化碳。它就像人体王国中的快递员一样，在人体血管内不停地奔波。

髓系祖细胞

它是造血祖细胞的一种，具有向髓系细胞（如红细胞、粒细胞、单核细胞、巨噬细胞等）分化的潜能。

巨核／红系细胞

它是一种由造血干细胞分化而来的成熟细胞，可进一步分化成血小板。

红母细胞

它是红细胞的前体细胞，可分化成有功能的成熟红细胞。

小泽

学　名: 血小板

装　备: 工具箱

功　能: 具有促进凝血、免疫调节等功能。它是人体王国的修理工，经常在伤口处修修补补，神奇的工具箱里装着修理工具和网状的胶带。

思思

学　名：神经干细胞
功　能：具有自更新能力和一定的分化能力。它可以通过不对等的分裂方式产生神经组织的多种细胞。

小元

学　名：神经细胞
装　备：脑电波帽子
功　能：具有传递神经递质的作用。它头戴脑电波帽子，能够通过发射脑电波传递信号。

阿角角

学　名: 角质形成细胞
分　布: 皮肤表层
功　能: 它是表皮中最丰
富的皮肤细胞,
是人体富有弹性
的天然屏障,也
被称为人体的第
一道免疫防线。

棘棘

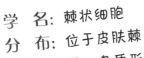

学　名: 棘状细胞
分　布: 位于皮肤棘
层,角质形
成细胞下
功　能: 保持皮肤的
柔韧性。

皮皮

学　名: 表皮干细胞
分　布: 皮肤基底层
功　能: 具有无限增殖能
力,可增殖分化
成表皮中的各种
功能细胞。

肉肉

学　名: 皮肤干细胞
分　布: 存在于皮肤基底层
功　能: 是多能成体干细胞，
可以自我更新并分化
成各种皮肤细胞，在
皮肤更新和修复过程
中发挥重要作用。

阿巨

学　名: 巨噬细胞
分　布: 广泛分布于全身血液和组织中
特　点: 体积大，一般为圆形或椭圆
形，并有短小突起，功能活跃
者常伸出较长伪足而呈不规则
形状。
功　能: 以固定细胞或游离细胞的形式
对细胞残片及病原体产生噬菌
作用（即吞噬和消化），并激
活淋巴细胞或其他免疫细胞，
使其对病原体做出反应。

骨绵绵

学　名: 软骨细胞
分　布: 关节连接处
功　能: 保护关节，减
少骨间的摩擦
和冲击。

心心

学　名: 心肌细胞
功　能: 有节律地收缩和
舒张，为全身输
送血液。

壮壮

学　名: 肌肉细胞

分　布: 肌肉中

功　能: 能缩能舒，是机体
运动的动力源泉。

胖胖

学　名: 脂肪细胞

分　布: 人体皮下、肌内及肌间、
内脏周围的脂肪组织

功　能: 负责储存胆固醇等脂质
成分。它们是脂肪组织
的主要成分，肥头大耳，
手牵着手构成一个网络，
像是能量储存库。

消消

学　名：肠道干细胞

功　能：源源不断地产生新的肠道上皮细胞，修复肠道上皮损伤。它是肠道的"守护神"，时刻维持肠道稳态、保证肠道功能的正常发挥。

卷卷

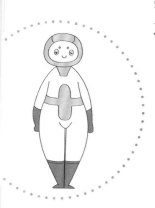

学　名：肠道细胞

功　能：具有分泌和吸收功能。分泌型肠道细胞分泌激素、黏液和抗微生物肽等，对微生物、毒素和抗原等起到重要的屏障防御作用；吸收型肠道细胞的作用是吸收食物中的营养成分。

小伊

学　名：胚胎干细胞

功　能：多能干细胞，具有形成完整个体的分化潜能。它是从早期胚胎内细胞团中分离出来的一种高度未分化的细胞群，有与早期胚胎细胞类似的形态特征和分化能力。可分化成全身200多种细胞，形成机体的所有组织和器官。

多面体

学　名：多能干细胞

功　能：在一定条件下，它可以分化成多种细胞，具有分化成多种细胞组织的潜能，但失去了发育成完整个体的能力，发育潜能受到一定的限制。

小间

学　名: 间充质干细胞

功　能: 一种存在于人体实质
细胞间隙中的细胞,
具有一定的分化潜
能, 可在需要时分化
成人体中特定种类的
细胞, 可以调节各种
免疫细胞。

白血小恶魔

学　名: 白血病细胞

分　布: 分布在白血病患者的骨
髓、血液系统中, 也可以
出现在患者各个器官中。

致病特性: 它是造血干细胞的变异
体, 不按规律变化, 失去
了造血干细胞原来的功
能, 还会影响造血干细胞
发挥功能。它能游走于人
体的各个器官, 是一个
"破坏王"。

目录

初识造血干细胞

文/陈 婷 周家喜

图/赵 洋 朱航月

新叶和季爷爷走在街上，看到许多志愿者到爱心献血车去献血。善于思考的新叶向季爷爷提出了自己的疑问。

新　叶：季爷爷，他们为什么要去献血？

季爷爷：因为献血可以在关键时刻挽救人的生命呀！
　　　　受伤失血的患者、分娩的母亲、罹患严重贫
　　　　血症的儿童和血液病患者都需要输血。

新　叶：那献血后，自己的血液不够了，怎么办？

季爷爷：新叶，不用担心！我们的身体还会源源不断地制造血液。

新　叶：那是谁制造的呢？在哪里制造的？

季爷爷：问得好！别急，我带你去人体王国一探究竟！

无偿献血 无上光荣

2022 年 6 月 14 日

卡尔·兰德斯坦纳

　　著名医学家、生理学家，20世纪初发现人类血液分型，并因此于1930年获得诺贝尔生理学或医学奖。2001年，在提高全球血液安全的国际组织的联合倡导下，将兰德斯坦纳的生日——每年的6月14日定为世界献血者日，以纪念他为人类输血事业做出的贡献。

初识血细胞

　　季爷爷和新叶首先来到献血者的血管中。血管是运输血液的管道，遍布全身。形态各异的血细胞在各司其职地工作。

我是运输氧气和部分二氧化碳的"快递员"，血液中数量最多的细胞就是我。

别看我个子小，凝血可全靠我！

白细胞

新　叶：这些白色透明的都是什么细胞呢？

季爷爷：它们是白细胞，夹杂在茫茫的红细胞海洋之中，体积较大、有细胞核。虽然它们的数量不多，却是保卫我们身体健康的战士。

新叶📖词典

血液

　　血液由血细胞和血浆组成，血细胞包括红细胞、白细胞和血小板；血浆内含有血浆蛋白、脂蛋白等各种营养成分以及无机盐、激素、酶、抗体和细胞代谢产物等。

哎~

新　叶：爷爷，刚刚有个身影从我们上空飞过。它身披斗篷，看起来和这里的血细胞不太一样。

季爷爷：那是造血干细胞，它可是我们身体中的超人。走，我带你到造血干细胞工作的地方看看！

造访骨髓造血工厂

　　季爷爷和新叶来到骨髓造血工厂总控制室。这里的大屏幕上实时显示全身所有血细胞的个数和比例。造血干细胞们正在操作台前监视着每个指标的变化。看到来了新客人，其中一个造血干细胞便跑过来打招呼并介绍自己。

你好！超人小妹，刚才从血管里飞过的身影就是你呀！

你们好，我是造血干细胞，大家都叫我超人小妹。我的任务是保障人体的血细胞供应。

健康人体内的各种血细胞会维持相对稳定的水平，但当疾病、受伤或献血时，血细胞数量都会有显著变化。因此，医生通常会通过血常规检测来辅助诊断疾病。

一切正常！

红细胞　　单核细胞　　中性粒细胞　　T 细胞　　B 细胞　　血小板

红细胞报警

新　叶：发生了什么状况？

季爷爷：一旦出现红细胞数量减少的情况，屏幕上就会出现红细胞数量报
　　　　警。别担心，超人小妹会想办法的。

超人小妹：身体中红细胞数量告急，下达新任务——制造红细胞。

新　叶：爷爷，红细胞是怎么被制造出来的？

季爷爷：走，我带你到骨髓造血工厂里去看看！

造血干细胞的自我更新

　　季爷爷带领新叶来到了献血者骨髓造血工厂的生产间。细心的新叶发现骨髓造血工厂中有一些形状像娃娃的小舱室，造血干细胞在里面变出了一个和自己一模一样的造血干细胞。

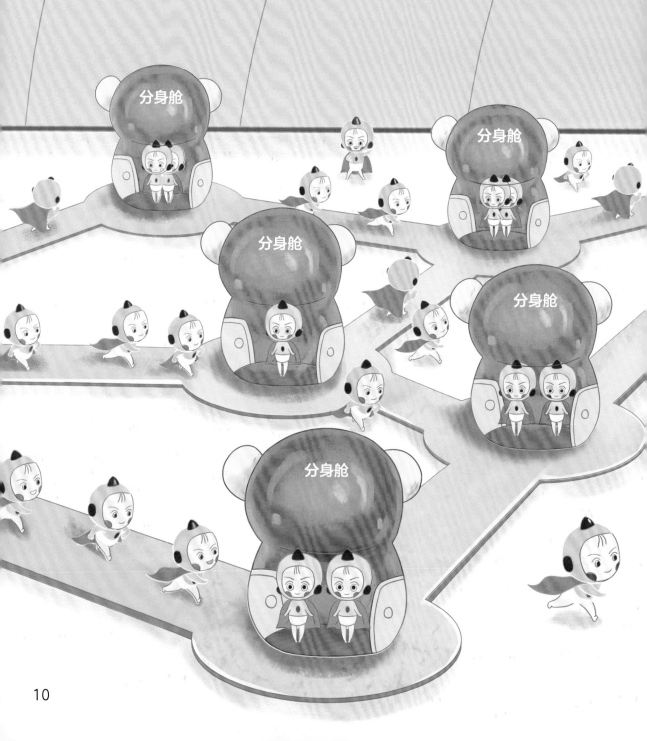

新叶📖词典

造血干细胞的自我更新 🔍

造血干细胞产生与它们相同的子代细胞，既能够维持自身状态和功能的稳定，又具备向下游分化产生成熟血细胞的潜能。

新　叶：爷爷，这些舱室可用来做什么呢？

季爷爷：这些是分身舱。造血干细胞有"分身"的本领！有了分身舱，造血干细胞才能自我更新、维持一定的数量，源源不断地为身体制造血液。

新　叶：太神奇了！

造血干细胞的分化

　　细心的新叶发现骨髓造血工厂中还有一些和分身舱不太一样的小舱室。

髓系祖细胞

巨核/红系祖细胞

这些小房间有什么神奇功能呢？

这是我们的变身舱，我们要在里面完成分化，变身成不同的细胞呢！

红母细胞

季爷爷：造血干细胞要在变身舱中经历分化。新叶，你来数一数，造血干细胞要经过几次变身，才能分化成红细胞呢？

新　叶：让我来数一数，4次！

干细胞分化

干细胞分化是一个非常复杂的生物学过程，即在特定的条件下，一种细胞逐渐产生形态结构、功能特征各不相同的细胞的过程。

红细胞

季爷爷：是的！造血干细胞依次变身为髓系祖细胞、巨核/红系祖细胞、红母细胞。红母细胞完成最后一次变身，分化成红细胞。造血干细胞虽然数量少，却能通过多次分化，制造出大量的红细胞。

新　叶：爷爷，造血干细胞就像是一颗种子，可以长成结不同细胞果实的大树。

季爷爷：对啊！新叶比喻得很形象。

科普小讲堂

　　人的造血干细胞是所有血细胞的来源，主要存在于人体骨髓中，可以分化成具有特殊本领的红细胞、白细胞和血小板等多种血细胞。它们虽然看起来小小的、不起眼，却是我们身体中名副其实的超人细胞！

人体细胞家族

文/陈　婷　周家喜

图/赵　洋　朱航月

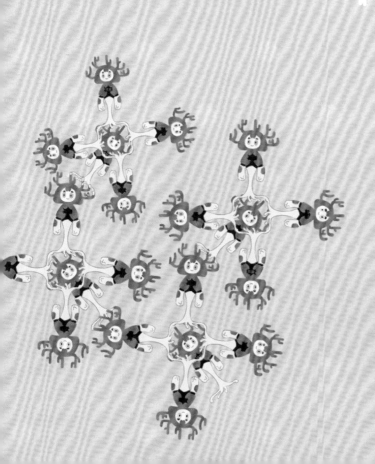

观察血液细胞

季爷爷和新叶跟随爱心献血车来到北京市红十字血液中心。在检测人员的指导下，他们用专业的显微镜观察血细胞，红色的血细胞显示在电脑上。

新　叶：爷爷，血液中的红细胞真多呀！它们为什么是红色的呢？

季爷爷：因为红细胞含有血红蛋白，当它们携带氧气的时候，看起来是红色的。

新　叶：不过，我发现有一些红细胞却是暗紫色的。

季爷爷：新叶观察得真仔细！红细胞释放氧气、携带二氧化碳时，看起来是暗紫色的。

新叶📖词典

🔍 细胞

细胞是人体结构和生理功能的基本单位。人体中有200余种细胞类型，800余种细胞亚型。这些细胞在人体中呈现有序的空间分布，并发挥不同的生理功能。

新　叶：我想起来了，红细胞在肺部会释放从组织里带来的二氧化碳，然后装满氧分子，再出发进入组织。

季爷爷：没错，红细胞就是这么不辞辛苦地为身体输送氧气，并运出二氧化碳的。

新　叶：红细胞好辛苦呀！

季爷爷：其实，在我们身体中有各种各样的细胞，它们在体内发挥不同的作用。走，我带你去图书馆看看它们！

人体中的可爱细胞

季爷爷带着新叶来到了图书馆，在电子阅读器上向新叶展示了一张关于人体细胞的科普图。

新　叶：爷爷，除了血细胞，人体还有哪些细胞呢？

季爷爷：那可太多了！除了刚刚我们看到的血细胞，大脑中有神经细胞，心脏中有心肌细胞，还有皮肤细胞、软骨细胞、肌肉细胞、脂肪细胞等。

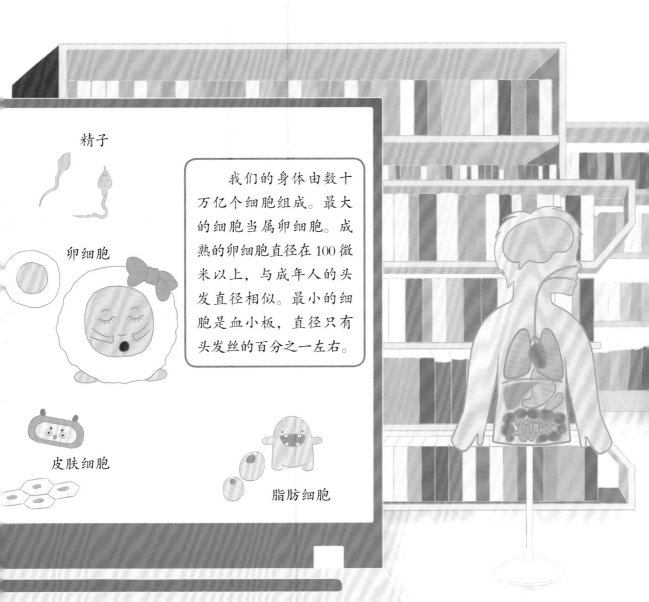

精子

卵细胞

我们的身体由数十万亿个细胞组成。最大的细胞当属卵细胞。成熟的卵细胞直径在 100 微米以上，与成年人的头发直径相似。最小的细胞是血小板，直径只有头发丝的百分之一左右。

皮肤细胞

脂肪细胞

新　叶：我为什么看不到它们呢？

季爷爷：因为细胞太小了，大多数细胞都超出了我们眼睛的识别范围。只有在显微镜下，我们才能观察到它们。想不想到人体里看看它们在做什么？

新　叶：当然想了！

季爷爷：走吧！我带你去人体王国里看看！

头尾相连的神经细胞

　　季爷爷带着新叶来到了一个被烛火烫伤的小朋友的身体里，看到一个头戴脑电波帽子的细胞在哭泣。新叶赶忙上去安慰它。

新　叶：你好，我是新叶。你怎么了？看着很疼的样子。

小　元：我叫小元，是神经细胞。我主人的手烫伤了，我的头好疼！我要把这个信号传递给其他神经细胞！

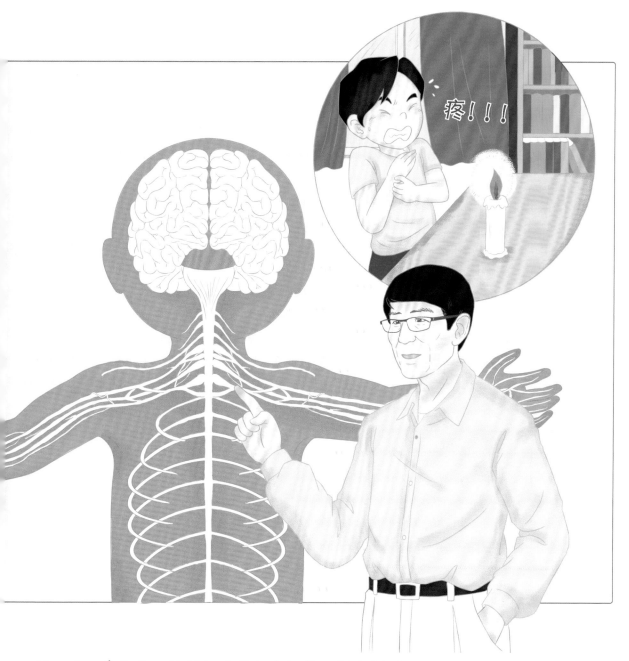

新　叶：季爷爷，神经细胞看起来好像一棵小树呀。

季爷爷：是的，它们头上的树枝状结构叫作"树突"，负责接收信息。长长的树干和树根的结构叫作"轴突"，负责传递信号。

季爷爷：新叶，你看！神经细胞是这样头脚相接，将疼痛信号传递给大脑。

新　叶：那然后呢？

季爷爷：大脑收到疼痛信号后，发出"收手"指令，再通过神经细胞传递给肌肉细胞，由肌肉细胞来完成收手动作！

富有弹性的软骨细胞

新叶和季爷爷来到了人体中最大、最复杂的关节——膝关节中，看到一群细胞被挤得很紧。

嗖！

润滑，润滑！

摩擦，摩擦！

新　叶：你好，我叫新叶！我看你们都被挤扁了，会不会有生命危险啊？

骨绵绵：你好，新叶！我叫骨绵绵，是软骨细胞。我们的主人准备"着陆了"，骨关节被挤压了，所以我们就被压扁了！但是我们富有弹性，可以自己弹回来，所以是不会有生命危险的。

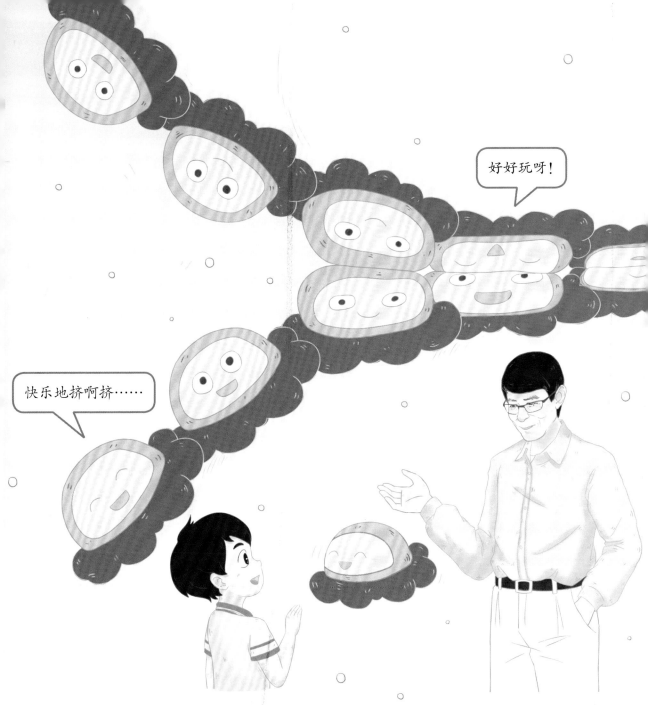

新　叶：你们太棒了！我明白了，这样就可以减少骨间的摩擦和冲击，保护关节。

季爷爷：软骨细胞是软骨中唯一的细胞成分。在骨骼发育成熟后，关节软骨没有再生能力。如果它们不慎被磨损，将会引发关节疼痛和炎症。科学家正在试图通过干细胞疗法来解决这一难题。

新　叶：骨绵绵，我要继续去认识其他细胞了，再见！

人体的天然屏障——皮肤细胞

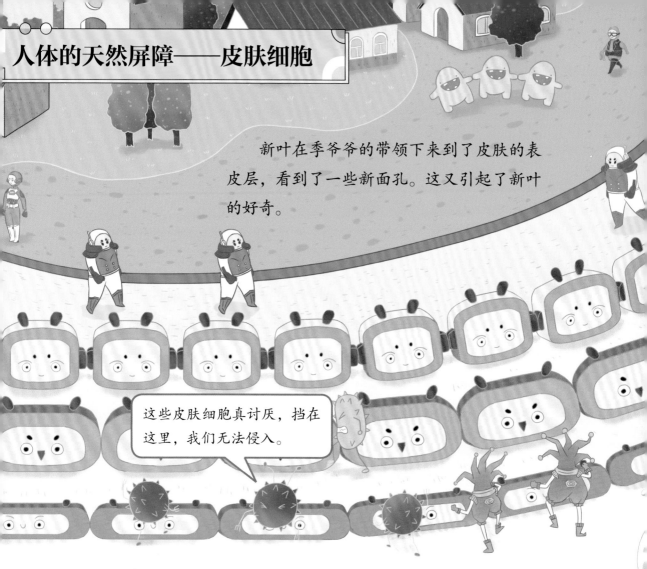

新叶在季爷爷的带领下来到了皮肤的表皮层，看到了一些新面孔。这又引起了新叶的好奇。

这些皮肤细胞真讨厌，挡在这里，我们无法侵入。

新　叶：之前，我在王爷爷的带领下，跟免疫细胞成了好朋友，可是这些细胞又是谁呢？

季爷爷：新叶，它们都是皮肤细胞。其中，最外层的是角质形成细胞，是表皮中最丰富的皮肤细胞类型。它们出生于皮肤的表皮和真皮交界处，可以逐渐上移到表皮层。

阿角角：新叶，你好呀！我们是人体富有弹性的天然屏障，可以将人体与外界环境隔开，具有防水、防止病原体入侵、抵御紫外线辐射、调节体温等多种功能。

新　叶：阿角角，你好！原来是你们组成了人体的第一道免疫防线呀！

阿角角：是的！

季爷爷：皮肤是人体最大的器官。皮肤细胞是皮肤的基本组成单元。人的
　　　　指尖大小的皮肤就含有大约 3200 个皮肤细胞。皮肤是人体和外部
　　　　环境间的物理屏障，可以保护我们的器官和组织免受伤害和感染。

新　叶：阿角角，我还要跟着季爷爷继续到其他器官里去认识更多的细胞，
　　　　再见啦！

阿角角：再见！

不停收缩的心肌细胞

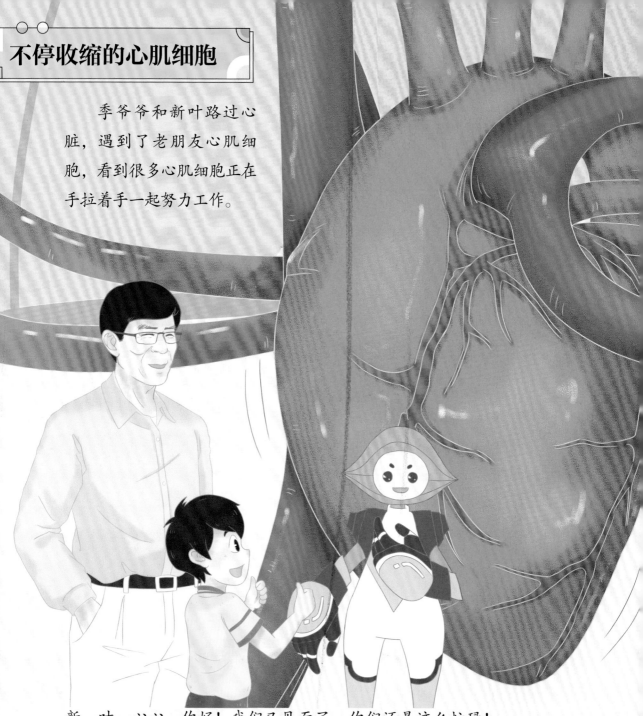

季爷爷和新叶路过心脏，遇到了老朋友心肌细胞，看到很多心肌细胞正在手拉着手一起努力工作。

新　叶：心心，你好！我们又见面了，你们还是这么忙碌！

心　心：很高兴又见到你，新叶！我们一刻都不能停呀！窦房结会有节律地向我们发送电信号，我们就跟着它不停地收缩和舒张。

季爷爷：窦房结是心脏正常心率的起搏点。我们的心脏昼夜不停地搏动，每分钟要跳动 60~100 次，平均一天就要跳动 10 万次。这都是由心肌细胞齐心协力完成的！

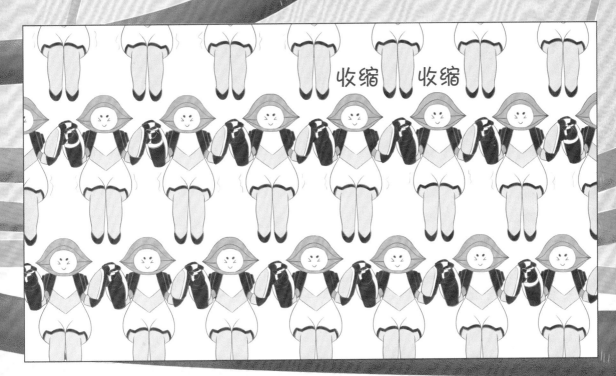

新　叶：好厉害！怪不得不管我是在玩耍，还是在睡觉，我的心脏都会"咚、咚、咚"地跳动着。

季爷爷：新叶，心肌细胞可是我们身体中第一种分化成熟的细胞。心脏是胎儿发育过程中第一个形成的器官。

科普小讲堂

　　身体中这么多种形态多样、功能各异的细胞都来自一个细胞——受精卵。受精卵是生命的开始，一个受精卵细胞在母体中孕育，经过无数次分裂分化，最终长成一个独立的个体。

超人战士的诞生

文/刘若琦　周家喜

图/赵　洋　朱航月

认识新朋友——干细胞

这一天，新叶和季爷爷又来到了人体王国，看到很多细胞在玩耍。

新　叶：季爷爷，站在台中央的是什么细胞？

季爷爷：它们叫干细胞，能够无限复制。最重要的是，它们还能够分化成各种各样的细胞，是我们身体里强大的"超人细胞"！

新　叶：哇！原来干细胞拥有"七十二变"的能力。我们体内除了之前见
　　　　到过的造血干细胞，还有哪些干细胞呢？

季爷爷：问得好！我这就带你去看看。

各司其职的干细胞家族

季爷爷和新叶继续他们的旅程，发现了一座城堡，城堡里住着各种各样的细胞，非常热闹。

我们也可以分化成特定的细胞！

新　叶：季爷爷，这就是干细胞的大家族吗？

季爷爷：是的！你看，站在塔尖上的那个是受精卵。它是全能干细胞，具有无限分化的潜能，能分化成所有组织和器官。

新　叶：那住在第二层的是什么？

季爷爷：那是多能干细胞，它们能够分化成多种类型的细胞，却失去了发育成完整个体的能力。

新　叶：那第三层的干细胞是不是只能变成一种细胞？

季爷爷：你真聪明！第三层的是单能干细胞。它只能变身成一种细胞。你
　　　　看！干细胞大家族的成员们各司其职，构成了我们的身体。

新　叶：我明白了，原来干细胞的"变身"能力也有差别！

季爷爷：新叶，这就是我们身体中的间充质干细胞。它们能够分化成皮肤细胞、脂肪细胞和软骨细胞，是人体中一种非常重要的干细胞。

小　间：爷爷说得对，但很多人只看到了我们的变身功能。其实，我们还有很多其他功能！比如，分泌一种"魔法物质"——细胞因子，改善皮肤状况，调节免疫系统平衡等功能！

细胞因子	作　　用
VEGF	促进血管的新生，重塑血管
IL-6	调节免疫平衡，抑制炎症
SDF	抑制细胞的凋亡，让细胞保持年轻状态
FGF	促进成纤维细胞新生，改善肌肤状态

季爷爷：间充质干细胞还有很厉害的造血支持功能，参与血细胞的生成，可以说是协助造血的小天使！

小　间：不仅如此，我们还自带导航定位功能，哪里有损伤，我们就到哪里去帮忙！

新　叶：小间，你们可真是太厉害了！

间充质干细胞的家园

为了探访间充质干细胞的来源，季爷爷带着新叶来到了脐带血中。在这里，新叶看到了很多间充质干细胞和造血干细胞。

扑哧

新　叶：原来间充质干细胞来自这里呀！

季爷爷：除了间充质干细胞，脐带血中还有其他很多宝藏！例如，造血干细胞可以用作移植，治疗白血病。大家都叫它"生命银行"！

新　叶：脐带血可真是一个宝藏库，我们一定要好好利用它！

季爷爷：是的，为了让更多的小朋友能够利用上宝贵的脐带血，我们提倡
　　　　大家将脐带血捐献到脐带血库中，贡献给有需要的人！

新　叶：我明白了！这就像献血一样！

季爷爷：说得对！只有这样，我们才能更好地使用脐带血，救治更多患者！

科普小讲堂

全能干细胞：具有自我更新和分化形成任何类型细胞的能力，有形成完整个体的分化潜能。

多能干细胞：具有产生多种类型细胞的能力，但失去了发育成完整个体的能力，发育潜能受到一定的限制。

单能干细胞：在成体组织、器官中的一类细胞，只能向单一方向分化，产生特定类型的细胞。

超人战士的打怪之旅

文/刘若琦 周家喜

图/赵 洋 胡晓露

白血病是什么

　　季爷爷和新叶穿着白大褂，来到一个病房中。病床上躺着一位正在输液的患者。

新　叶：爷爷，这位叔叔得了什么病呀？

季爷爷：新叶，他得的是白血病。

新　叶：什么是白血病？

季爷爷：白血病是造血干细胞克隆性疾病，是一组高度异质性的恶性血液病，特点是白血病细胞异常增生、分化成熟障碍，并伴有凋亡减少。

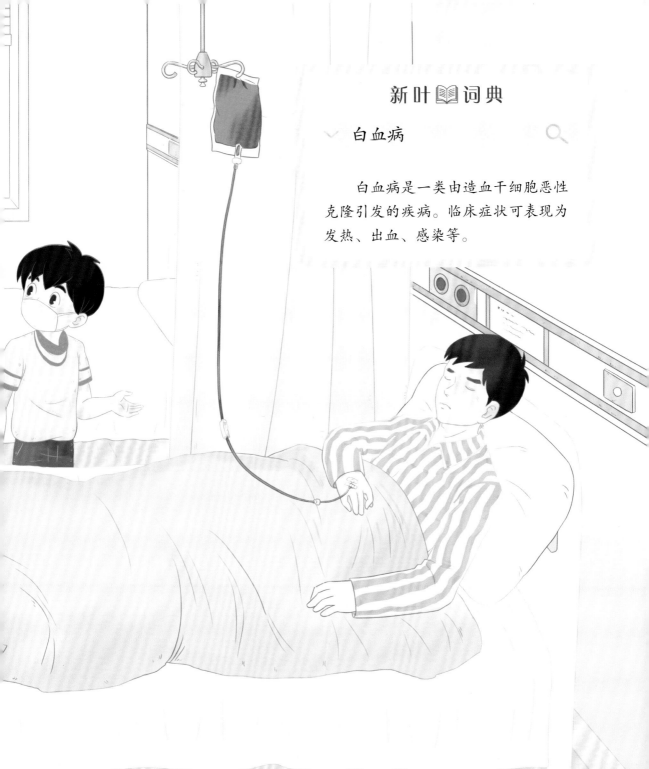

新叶📖词典

白血病

白血病是一类由造血干细胞恶性克隆引发的疾病。临床症状可表现为发热、出血、感染等。

新　叶：那是不是这位叔叔的骨髓造血工厂出了问题？

季爷爷：是的，新叶！我这就带你去白血病患者的体内看看。

白血病细胞占山为王

季爷爷带着新叶来到白血病患者体内的骨髓造血工厂，看到这里已经被一大群可怕的白血病细胞占领。

新　叶：季爷爷，白血病患者的骨髓造血工厂怎么被破坏成这样啊？这些坏蛋是谁？

季爷爷：它们就是白血病细胞。正是它们的产生及异常增殖，导致患者正常造血功能的缺失。

新　叶：季爷爷，你看！这些坏蛋好像要离开骨髓造血工厂。

季爷爷：是的，白血病细胞可以离开骨髓，通过血管向外攻击其他组织和器官，从而影响人体王国的正常运转。

季爷爷：但也别担心！现在有很多治疗方案可以消灭它们。走吧，我们去听听医生的建议。

不分敌我的化疗药物

新　叶：爷爷，那个输液瓶写的化疗药物是什么意思？

医　生：化疗药物是一种化学合成药物。当它进入患者体内后，可以随着血液循环到达组织和器官，通过抑制白血病细胞的生长和分裂，达到治疗目的。除了白血病，化疗药物也被用于治疗其他恶性肿瘤。

新　叶：化疗药物战士好厉害啊！可是为什么好多造血干细胞也受伤了呢？

季爷爷：因为化疗药物对所有细胞都会产生影响，所以在杀伤白血病细胞的同时，也会不可避免地损伤其他正常细胞。

新　叶：那没有其他办法了吗？

季爷爷：我们还可以使用造血干细胞移植的方法，去阻止可恶的白血病细胞搞破坏。

造血干细胞来帮忙啦

新叶和季爷爷看到造血干细胞和一些红细胞正在通过血管前来支援。

造血干细胞移植

　　造血干细胞移植是指将他人或自体的造血干细胞移植到体内，担负起造血功能、免疫功能的重建。移植的造血干细胞多来源于健康捐献者。这些捐献者的白细胞抗原需要与患者配型成功，否则会产生严重的排异反应，甚至危及生命。

占领骨髓！

新　　叶：你们这是要去哪里呀？

超人小妹：我们主人的白细胞抗原与患者的配型成功，现在我们要去帮助他恢复造血系统啦！

季 爷 爷：造血干细胞移植是在化疗的基础上，将健康的造血干细胞输注到患者体内，从而恢复患者的骨髓造血功能。

新　　叶：我懂了！这样一来，这些造血干细胞就可以施展"分身术"和"变身术"，保证骨髓造血工厂的正常运转了。我说得对吗，季爷爷？

季 爷 爷：没错！新叶真聪明。

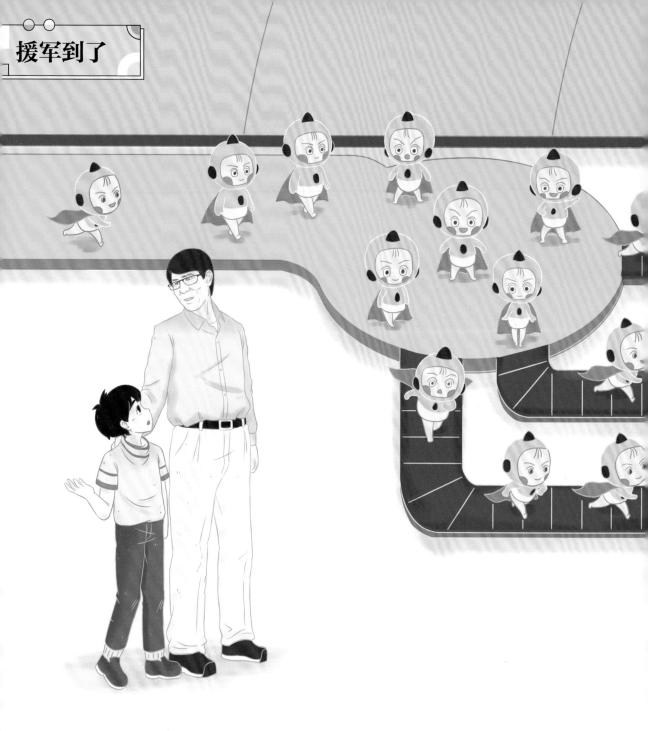

新　叶：季爷爷，白血病细胞都去哪里了？

季爷爷：化疗起了作用，白血病细胞已经基本被消灭了！你看，移植的造血干
　　　　细胞已经来帮忙了。

新　叶：太好了，援军到了，骨髓造血工厂就能恢复正常了！

季爷爷：是的，相信不久的将来，这位患者就会痊愈的。

白细胞

红细胞

血小板

49

　　1956 年，唐纳尔·托马斯医生在美国西雅图成功完成了世界首例骨髓移植的手术。我国陆道培等科学家也克服了诸多困难，完成了中国首例骨髓移植手术。毋庸置疑，造血干细胞移植技术的成功应用挽救了无数白血病等恶性血液系统疾病患者的生命。